U0159056

（民國二十八年）

新生日記

1939

新生書局印行

（民國二十八年）

新生日記

1939

新生書局印行

今年的願望

勿謂今日不學有來日，今年不學有來年。

——朱熹

愛可以成爲一種喜劇，亦可以成爲一種悲劇。

——鄧肯

對於一種語言有了科學化的知識，別種語言就比較容易學了。

——甘地

凡人都有兩種教育，一種是受之他人，一種是得之自學，
而後者更來得重要。——吉賁

鉄鳥揚威，長征三島，

　　這是人道之東征！

　　這是光榮的史蹟！

堪笑那自命文明國家，

　　狂炸，殘殺，姦淫，

　　却是一味的獸行！

一月份日記之例

——一個店員的日記——

這幾天，書店內買客很擁擠，實在是"新年大減價"的效力。近來書的市面衰落到脫皮見了骨的慘境，不靠大減價來吸引買客，就簡直不大有上門買書。我看到其他商店也發生同樣的特徵。

今天早上，太陽出得很早，有幾個帶着皮球式帽子的小國民，跳跳躍躍地走進來，一臉子露着笑容，我也同時發出會心的微笑來問："要買什麼？"他們的笑是天眞的，可寶貴的；可是我的笑純粹爲了職業而笑，爲了生活而笑，這種笑比較哭還是難受。一個月拿十幾塊錢的薪水，有時候店中還發不出，市上的物價，卻一天一天的增高，房，飯，穿衣，還要買小孩的糖果，那裏還會發出自然的笑來呢？

"我們要買幾張賀年片！"我一壁拿片子給小朋友看，一壁又在呆想："小孩子們是在賀寶貴的新年的來臨，可是想到自身，眞感到馬齒徒增，于國于家，未有絲毫建白。"

有幾個苦學的青年，祇是在一折二折舊書堆裏拼命的翻，有時偶然向玻璃櫥窗中高價書望望，輕輕的付之一嘆。自己站在書店從業員的地位，着實對他們起了幾分歉意。在書店裏服務，唯一的慰安就是跟這般和我同命運的朋友談話，從他們溫和的言辭中獲得許多好教訓。（乃珉作）

月　　日
星期

要探討一切事物，不畏難不輕斷，非經過嚴格的考查，
勿容納自已或他人的意見。　　——穆勒

月　　日

星期

我從來不説我已完全瞭解問題的某一部來，除非我已瞭解問題的全部。　　——穆勒

月　日
星期

我一定要創造一種格調，否則便被別人的格調束縛。
——勃來克

月　　日
星期

一個人不應該讓痛苦來毁滅自己。

——屠格涅夫

月　　日
星期

我們抗日，一方面在求民族之復興，他方面亦在保障世界之文化。——鄒魯

月　日

星期

希望會使你年青的，因爲希望與青春都是同胞兄弟。

——雪萊

月　日
星期

你也許讀了許多書，但你仍會像你沒有以前一樣無智，除非在你的腦袋裏，你把文字都變成你由觀察自然而得的意象。——服爾泰

月　日
星期

如果對於一切事物都感到恐懼，人生就永無安之一日。

——伊璧鳩魯

月　日
星期

完成你每日的工作，就不要再去掛慮着它，因爲你已盡了你的所能去做。——愛默生

一月十日 星期二

早晨，经过阳光满晒着的旷野去上＂三四＂堂课，晚间，在黑灰色围下的课堂里读＜逻辑＞。大学生活，真个别有风味。

我喜欢我自己变了，现在的我，已不再是中学时代的我。中学时我希望老师不来上课，现在却恐怕老师不来；中学时有几科一些不懂，现在却有几科竟懂得没有多了。

我不应该自满，但我很喜欢我自己底变。

歷史所存留的事實，並非全是原來實在所有的事實。

——笛卡兒

月　　日

星期

科學及藝術的活動，祇有在不計權利唯知義務的時候，

纔有成果。　　　　——托爾斯泰

月　　日

星期

我超過尋常人之處，是在我能觀察得很精細。

——達爾文

月　　日

星期

眞實是非常可貴的東西，所以我們應該謹愼地使用它。

——馬克吐溫

月　　日
星期

我們要愛書，要讀書，但不可漫無選擇。

——法朗士

月　　日

星期

讀一切好的書，就是和許多高尚的人談話。

——笛卡兒

月 日

星期

如果你能征服自己，克服自己，你就能比你所夢想卻更爲自由。

——普希金

月　　日
星期

愛不但消滅恐怖，且使人類樂於爲他人而犧牲自已。

——托爾斯泰

月　　日
星期

任何階層分子，均應負各個人應負的責任，齊心協力，各盡各的力量，爲我民族爭生存與獨立。——蔡廷鍇

月　　日

星期

功夫乃是藝術家最無法讓渡的財產。

——紀德

月　日

星期

懷疑的目的是要征服懷疑自己。

——歌德

月　　日
星期

勇氣不是盲目地忽視危險，而是看見便去克服它。

——李希特

月　　日

星期

我覺得奮不顧身的精神能克服任何障礙，能在世界上創造任何奇蹟。

——高爾基

月　日

星期

一個人對於過去過分好奇，對於現在就會一點不知道。

——笛卡兒

月　日
星期

統計愈完全愈好，觀察愈普遍愈好。

——笛卡兒

月　　日
星期

在光榮與至善的希望裏，我勇往直前，一無所懼。

——普希金

月　日
星期

我熱中於一切我所認爲有趣的事物，且以瞭解任何問題與事件爲極大的滿足。 ——達爾文

月　　日

星期

我不曉得世界看我是怎樣，我自己覺得我不過像一個小孩子在眞理的大海邊，偶然拾得幾個可愛的貝殼玩弄，而眞理的大海，仍在我的前面，不曾發見。——牛頓

月　　日

星期

在人生的背面，那時間和空間的海人怒濤洶湧，相繼前來。要是人們不知道自已努力前進，便不免要歸於絕滅。——勃來克

月　　日

星期

不為生活而勞動的人們所經驗的情緒的範疇，較之勞動的人們情緒要狹得多。　　——托爾斯泰

月　日
星期

你應該小心一切假知識，牠比無知更危險。

——蕭伯納

月　　日
星期

那些畏忌影響避開影響的，不啻默認他們靈魂的貧乏。

——紀德

一月份新的生活之檢討

這是自我批判之忠實記錄

生活與工作	生活的經驗	
	身體與健康	
	發現與感想	
	讀書的心得	
	工作的經驗	
	問題研究	

一月份时事摘要

本月份国内时事摘要	
本月份国外时事摘要	
时事的感想与意见	

抗戰四十韻　程潛

彗星輝紫極，災變起東牆；　鐵騎橫河朔，妖氛遍海疆；
普天同震動，舉國擊苞桑；　廟算無遺策，訏謨重贊襄；
雲謀驚濟濟，雨勇慶瑲瑲；　緒戰開淞滬，奇兵出太行；
陣名名正正，旅號號堂堂；　倭益兇殘逞，台維殺伐張；
飛輪翳日月，腥氣薄江洋；　有頂愁飛禍，無辜受刼殃；
兆民膺憤慨，四海切忠涼；　曠日持堅計，長期致果方；
血流黃歇浦，蕩輓石家莊；　冀北師先潰，江南燄愈彰；
耽耽虜虎死，逐逐我鷹揚；　秉鉞崇姜尙，揮戈效魯陽；
輕車過汴鄭，躍馬渡洛漳；　猛烈催前進，貔貅殺後場；
雁門高失守，金口險疏防；　敗卒排山倒，全軍背水亡；
中畿淪敵手，總弁解戎裝；　少壯遭屠戮，紅顏更悲傷；
懦夫行失措，文士色倉皇；　元帥憂勤甚，將軍惕勵忙；
奇籌憑而逆，難事向張良；　努力開生面，攻心授錦囊；
燕梁尊節制，濟兗題聲光；　燕梁維徐甸，精誠護武昌；
蚌淮鏖戰久，沂嶧戰爭長；　狩獵征驕忿，遊狙禦虎狼；
幾經加創懲，勿復敢披猖；　克逆隨機定，成功恃理強；
義聲揚內外，浩氣貫穹蒼；　寇已衰而竭，予仍大且剛；
莫非吾領土，豈許汝跳梁；　此膽甘塗地，含羞無斷腸；
終歸哀者勝，畢竟孰稱王；　大辱何能忍，斯仇永不忘；
元元齊意志，肅肅振綱常；　共洗彌綸恥，名留宇宙芳。

●

號聲洋洋，勇士上疆場，

憑着黑鐵，赤血，白漿，

來爭取中華民族的前程！

●

二月份日記之例

——一個教員的日記——

早晨去看昨天被炸的火車，一節爲燃燒彈所燒光，車頂鐵板上無數蜂窠。一節車旁受了一個炸彈，鐵軌破壞了，三個大地穴。廣東軍士還活動，他們正在向南翔移動而受爆炸。

校內還留着少數學生，忽見他們來了，他們逃避到什麽地方去，我説："我們學校當局，還要維持學校的，你們要去，也無從留你們，也没法更來保護你們。不過我想你們還留一下子罷。"

可是他們要走了，一個女學生提一個網籃，內有德文英文字典很笨重，我説你帶這麽大的東西，太苦了，"她定要帶去——幸虧她把一切東西帶去，免得像我的什麽都没有——又一個女學生，很可愛，又很有膽力，所以我很不想讓她去的，也去了。

傍晚，飛機暫時不來了，坐在眞茹河旁，遠聽炮聲，靜思世界第二次大戰的形態，又和一農夫談天。三個學生來了，他們走到徐家匯，不能進去。（陶晶孫作）

月　　日

星期

過分的謙遜，對於人事的進步，反成爲一種障碍。

——狄慈根

月　　日
星期

歷史教導我們認識現在與未來的各種事物。

——盧騷

月　　日
星期

卽使有如大賢所羅門的智慧，還是要學。

——屠格涅夫

月　日

星期

如果進化的學説自己不進化，豈非自相矛盾。

——湯姆生

Feb 月 5 日
星期 Sun.

Read "The End of Life" by Dr. Lin Yutang. (林语堂)

Copied down a song which I liked very much. 辛弃疾词

In my young days,
I had tasted only gladness,
But loved to mount the top floor,
But loved to mount the top floor,
To write a song pretending sadness.

And now I've tasted
Sorrow's flavors, bitter and sour,
And can't find a word,
And can't find a word,
But merely say, "What a golden autumn hour!"

不哭不笑，加深了解。

——斯賓諾莎

月　日
星期

哲學的任務，不是各色各樣的解釋世界，而是要變革世界。

——卡爾

月　　日

星期

婦女們應當努力以自己的力量啓發自己的智能，開拓自由的途徑，決不可依賴男子。　——倍倍爾

月　日
星期

一個人做自己的主人翁之權是人權中最大者。

——太戈爾

月　　日
星期

從恐懼中透露出的希望是最光輝的。

——司各脫

月　　日

星期

把惡劣習慣由我們驅除出去，猶如驅逐長期間使我們受重大損失的同件一樣。　　——伊璧鳩魯

月　　日

星期

古老的偉大的中華民族，需要在炮火裏洗一個澡。

——茅盾

月　日

星期

無論是民族解放的問題，或是大衆文化的問題，我們都要排除萬難，不怕艱苦的幹去。——韜奮

月 日

星期

要深入民間，必須先成爲民衆間的一份子，才能發生效力。

——鄭振鐸

月 日

星期

中國的大衆靠了長久的政治經驗已能熟練地運用他們極有效的武器去反抗他們的敵人。 ——毛澤東

月　　日

星期

誰不會休息的，誰就不會作工。

——伊理契

月　　日

星期

純粹體力上的疲乏，祇要不過度，不但不妨害快樂，反面可以增進快樂。　　——羅素

月　　日

星期

不屈伏，盡力奮鬬，咬牙握拳，準備應戰。

——高爾基

月　日
星期

人類之所以能認識種種事物，全靠理智之力，而不是靠信仰之力。　　——托爾斯泰

月　　日

星期

我們歌唱，讚美着大無畏的勇敢。

——高爾基

月　　日

星期

對於那深信現存的生活狀態合理的人，是不能用言語，

而必須用事實去駁倒他的。　　　——高爾基

月　日
星期

意見的不同，並不是這個人比那人更有理性，只是我們的思想在不同的方向中發展。——笛卡兒

月 日

星期

必須建立幹部的細胞組織，然後纔能有計劃有秩序的去推動民衆，領導民衆。 ——沙千里

月　日

星期

假使中國人民一旦有了訓練，武裝及組織，他們一樣地，
也會成爲不可克服的力量的。　——毛澤東

月　　日

星期

組織民衆，不但要瞭解他的要求，尤其要抓住他們的情緒。

——史良

月　日
星期

要我們自己有力量，纔能動員國際上的援助力量；要我們自己有決心，纔能堅定國際上的援助決心。——章乃器

月　日
星期

在物質上，我們一面抗戰，一面仍須注意於生產的繼續。

——韜奮

月　　日

星期

反對的意見在兩方面對於我都有益，一面是使我知道自己的錯誤，一面是多數人看見到的比一個人看見的更明白。——笛卡兒

月　　日

星期

對於古代的尊敬，和對於權威們的崇拜，常常阻礙了科學的進步。——培根

二月份新的生活之檢討

這是自我批判之忠實記錄

生活與工作	生活的經驗	
	身體與健康	
	發現與感想	
	讀書的心得	
	工作的經驗	
	問題研究	

二月份時事摘要

本月份國內時事摘要	
本月份國外時事摘要	
時事的感想與意見	

“組織民衆”和“武裝民衆”是抗戰期中必要的工作；這，是廣東民衆已經武裝起來的報告。

三月份日記之例

——一個前清作家的日記——

十八日，陰。爲方金輿金潤芳刻石章兩方。

出北門至松記號內，適已飯時矣。午後至敦榆晤韻泉叔祖，遂歸。

十九日，陰。早出北門。謁吳平齋太守，歸。出東門候汪柳門表弟，不値。旋至夷場。塗過柳門，茶話良久。晚至熙和明，晤周存伯。歸寓，燈下爲方鼎文作細朱文印。

二十日，雨。和卿二弟定於明後日往江北。簡仰靖軒並寄大兄書，托和卿帶去。

二十一日，雨。寓齋無事。黃梅先借劍南詩選兩册，手錄七律數十首。

二十二日，雨。梅先又借出鄭板橋詩文集，讀一過。如觀司徒廟柏，「淸奇古怪」，無一枝一節平直處。可謂自闢門徑，不襲陳言。而家書一卷中，議論懇切，體恤婉曲，無微不至。乃知板橋崇尙實學，存心溫厚，非狂士恃才驕人者可比。

郁子棣以素紙索畫山水，並囑書篆聯一副。

二十三日，雨稍止。爲子棣作篆對。吳平齋太守奉委督辦釐捐總局事，局在俞家衖。一俟天晴，卽行到局。飭使來寓知會，囑余移住局中。

觀板橋集竟，卽用集中賀新郎調。倚聲一闋題後：

烽火江南徧，最可憐毀書裂畫，焚琴碎硯，只恨倉黃攜不得，付與荒烟一片。卻辜負琳瑯萬卷，腹笥空空私自悔，悔當年觸手牙籤便。奈不讀，遭天譴。　殘燈今夕題黃絹，還剩得零編斷簡，動人留戀。轉笑枯腸塡未飽，詩債都成積欠。郗敢問風騷燈壇坫，多謝荊州慨。我恐故人，怪我求無厭。一展誦，如鍼砭。（吳大澂作）

月 日

星期

假如人民都知道自己是國家的主人，沒有一個人不願意爲保衛祖國而獻身。 ——胡愈之

月　日
星期

我們必須把敵人滅絕人道的暴行有力地暴露出來。

——茅盾

月　日

星期

戰爭的最後勝利，主要的靠我們的力量去爭奪。

——章乃器

月 日

星期

國家的最高政策要明顯地決定，也是防止大漢奸的屏障。

——郭沫若

月　　日

星期

想今後怎樣纔得生活？要有整個的組織，統一的指揮，把一個大羣構成完整的個體。——黃炎培

月　日
星期

天才是免不了有障碍，因爲障礙是創造天才的。

——羅曼羅蘭

月　　日

星期

口號只有一個，卽抗戰救國，萬不可多樹異幟，多立異論。

——鄭振鐸

月 日

星期

認識之先，使人類成爲自然的主人。

——狄慈根

月　日

星期

青年的朝氣倘已消失，前進不已的好奇心又已衰退以後，人生就沒有意義。——穆勒

月　　日

星期

依照既定計劃，向前邁進，雖戰至一兵一卒，亦應抵抗到底，如此堅持勿懈，相信最後勝利，必屬於我。——蔡廷鍇

月　　日

星期

吾人必認明抗戰目的，在求民族生存，當然不能不受犧牲。

——孫科

月 日

星期

非加以試驗，我就不能自安。

——達爾文

月　　日

星期

以血還血，以牙還牙。

——魯迅

月　　日
星期

不要因失敗而傷心，不要因勝利而謳歌。

——沈鈞儒

月　　日
星期

同心協力，搶救危亡。

——鄒韜奮

月　日
星期

只要有一個全面的抗戰，最後勝利一定是我們的。

——章乃器

月　　日

星期

要看誰笑得最後，才是誰笑得最好。

——李公樸

月　　日
星期

只要在抗戰的血光中，能找到我們民族的新生命。

——王造時

月　日
星期

敵人緊逼到這步田地，祇有抵抗纔有生路。

——史良

月　日

星期

我從不敢放鬆疑難，遇有疑難，必再三研究，一直到明瞭爲止。

——穆勒

月　　日

星期

知識便是力量，而力量就是知識。

——培根

月　　日

星期

把惡劣習慣由我們驅除出去，猶如驅逐長期間使我們受重大損失的同伴一樣。　　——伊璧鳩魯

Mar. 月 23 日
星期 Thu.

Received two letters, one from Mr. Chow, the brother-in-law of Chee-chi, the other from Kuangnan (国楠) by air. This was out of my expectation. Not until now did he write to me on account that he failed in the jointed entrance examination so as to have no courage to write to me. He said that The Kinlin University (金陵) was not good and he wished to study in another University. Therefore I told him something about The South-western Associated University. I was not very happy ~~owe~~ due to that his letter was not so long and so detailed as that he had written me in Luchow (泸州).

凡是最善於了解自己時代需要的人，便是真正的先覺者。

——傑波林

月　日
星期

人生是嚴肅的，在那些不甘於靈魂的庸俗的，是一種日常的戰鬭。——羅曼羅蘭

月 日

星期

如果不能得到全部，應盡可能取得其最好的部分。

——穆勒

月　日

星期

在生活中，那一件所謂智慮就是精神集中；那一件所謂壞事，就是精神渙散。　——愛默生

月　日

星期

我要同運命來決戰，它不至於完全征服了我

——悲多汶

月　日
星期

认識了客觀，便認識了我。

——費爾巴哈

月　　日
星期

寧願戰鬭以死，不願忍痛以生。

——羅素

月　日

星期

沒有希望的工作，譬如汲美酒入篩里，沒有對象的希望是不能持久的。　——古律利居

月　日
星期

最有價值的知識，是關於方法的知識。

——尼采

三月份新的生活之檢討

這是自我批判之忠實記錄

生活與工作	生活的經驗	
	身體與健康	
	發現與感想	
	讀書的心得	
	工作的經驗	
	問題研究	

三月份時事摘要

本月份國內時事摘要	
本月份國外時事摘要	
時事的感想與意見	

(快步進行)
Marciavivaoo G調

義勇軍進行曲

2/4 聶耳作曲

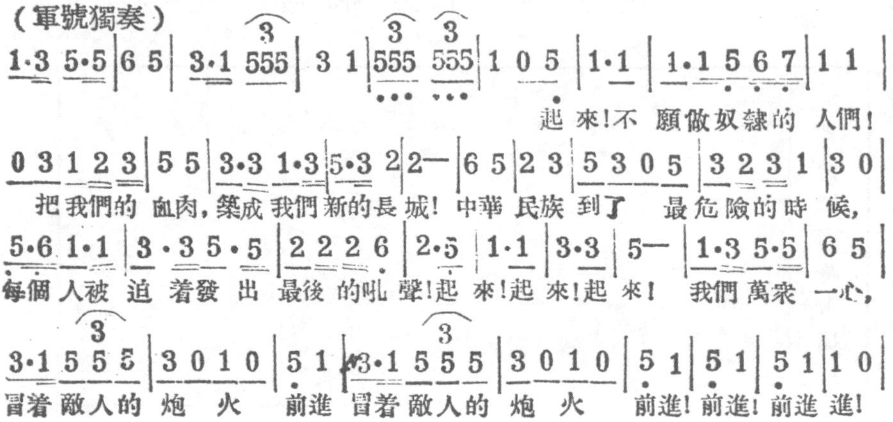

(軍號獨奏)

1·3 5·5 | 6 5 | 3·1 555 | 3 1 | 555 555 | 1 0 5 | 1·1 | 1·1 5 6 7 | 1 1 |

起 來!不 願做奴隸的 人們!

0 3 1 2 3 | 5 5 | 3·3 1·3 | 5·3 2 | 2 — | 6 5 | 2 3 | 5 3 0 5 | 3 2 3 1 | 3 0 |

把我們的 血肉,築成 我們 新的長 城! 中華 民族 到了 最危險的時 候,

5·6 1·1 | 3 · 3 5 · 5 | 2 2 2 6 | 2·5 | 1·1 | 3·3 | 5 — | 1·3 5·5 | 6 5 |

每個 人被 迫 着發 出 最後 的吼 聲!起 來!起 來!起 來! 我們 萬衆 一心,

3·1 5 5 5 | 3 0 1 0 | 5 1 | 3·1 5 5 5 | 3 0 1 0 | 5 1 | 5 1 | 5 1 | 1 0 |

冒着 敵人的 炮 火 前進 冒着 敵人的 炮 火 前進! 前進! 前進 進!

轟！轟！轟！ 哈哈哈 轟！

砲彈到處：擊碎了敵人的胆魄！

響聲過耳，驚醒了侵略者的迷夢！

轟！轟！轟！ 哈哈哈 轟！

四月份日記之例

——一個文學家的日記——

（十月四日）朝來腹瀉，告曉芙，曉芙亦爾，食生魚過多之故耶？素不喜食生魚，自入山中來，兼食倍常，殊可怪也。

久未閱報。今日定"A新聞"一分，國內戰事仍未終結，來月恐仍無歸國希望。

午三時頃出游，渡江南上，田中見一水臼，用粗大橫木作槓竿，一端置杵臼，一端鑿成匙形，引山泉入匙腹中，腹滿則匙下，傾水入田中，水傾後匙歸原狀，則他端木杵在臼中椿擊一回，如此一上一下，運動甚形迂緩，無錶，爰數脈搏以計時刻。上下一次當脈搏二十六次，一分鐘間尚不能椿擊三次也。

田園生活萬事都如此悠閑，生活之慾望不奢則物質之要求自薄。……在我自身如果最低生活得所保證，我亦可以盡我能力以貢獻於社會。在我並無奢求，若有村醪，何須醇酒？

此意與曉芙談及，伊亦贊予，惟此最低生活之保證不易得耳。

歸途摘白茶數枝。（郭沫若作）

月　日

星期

偉大的思想家從不畏忌影響，但却是飢渴着，去找尋影響。

——紀德

月　　日

星期

思想好，文章也必好。

——顾尔芒

月 日

星期

一個居心妒嫉的人，不但對於別人是幸災樂禍，而他自己也因妒嫉之故而陷於不快樂中。 ——羅素

月　　日

星期

各種官能間適當的平衡之維持，乃是非常重要的。

——穆勒

月　日
星期

我愈看書，愈難忍受我當時所目覩的那些人同樣的空虛無謂的生活。
——高爾基

月 日
星期

受動的感受性和能動的能力一樣需要訓練。

——穆勒

月　　日
星期

到力的途徑和到知的途徑，是緊緊地連結的。

——培根

月　日

星期

如果我們自比爲泥塊，則我們就眞的會成爲別人踐踏的泥塊。　——柯勒里

Apr月 8 日
星期Sun.

In world history class, Professor Pee (皮名举) mingchu talked about the Hundred Years War between England and France. England had always won the battles at first but no matter how brave it might be France got the final victory. He then compared the war with our holy resistance. This was very interesting.

Japanese planes bombed Kunming this afternoon.

Bought "Reminiscence, Letters, and Sketches" translated by Mouten. (茅盾)

富貴不能淫，貧賤不能移，威武不能屈，此之謂大丈夫。

——孟子

月　　日

星期

丈夫爲志，窮當益堅，老當益壯。

——馬援

月　　日

星期

身後不能與諸賢並祠者，非大丈夫也。

——文天祥

月　日

星期

大丈夫當立功異域，安能久事筆硯間乎。

——班超

月　日

星期

憂勞可以興國，逸豫可以亡身。

——歐陽修

月　日
星期

天下興亡，匹夫有責。

——顧炎武

月　　日

星期

人生自古誰無死，留取丹心照汗青。

——文天祥

月　日

星期

我對於不愉快，疾病，窮苦極端的痛恨，每遇着殘忍的景象，在心裏自然要發生一種反抗的情緒。——高爾基

月　日
星期

逃避人生的人，一定是處於創作上的最壞的狀態的。

——托爾斯泰

月　日
星期

惡人們愈得勢，愈是加速其毀滅。

——伊璧鳩魯

月　　日

星期

眞實是非常可貴的東西，所以我們應該謹愼地使用它。

——馬克吐溫

月　日

星期

世界上能爲别人減輕負擔的，都不是庸庸碌碌之徒。

——狄更斯

月　　日
星期

不曾及時而活的人，他怎能及時而死呢？

——尼采

月　日
星期

一切的生命都在不息的活動之中。

——羅曼羅蘭

月　　日
星期

當我着手於任何工作之前，我便瀏覽一切的索引，並製一分類索引，這樣可使我搜集全部的參考資料。——達爾文

月　日
星期

到處都講利用的人不能够作朋友。

——伊壁鳩魯

月　　日

星期

智慧是一個女人，她始終只愛戰士。

——尼采

月　　日

星期

無論什麼知識，不和實際生活相結，則沒有存在的理由。

——克魯泡特金

月　日
星期

人之一生單耗費在幾種極簡單的工作中，是沒有機會發展他的本能的，也不會有什麼新的發明。——亞丹斯密

月　　日
星期

‘多難興邦’是需要人力的。

——章乃器

月　　日

星期

真的猛士敢於直面慘澹的人生，敢於正視淋漓的鮮血。

——魯迅

月　　日

星期

世間唯有快樂是不應該預支的。

——茅盾

四月份新的生活之檢討

這是自我批判之忠實記錄

生活與工作	生活的經驗	
	身體與健康	
	發現與感想	
	讀書的心得	
	工作的經驗	
	問題研究	

四月份時事摘要

本月份國內時事摘要	
本月份國外時事摘要	
時事的感想與意見	

這是馳名的八路軍的一部，他，擔負着華北運動戰及捍衛西北的重任，使敵人無法應付。這一羣忠勇的衛士，我們應該如何的起敬！

五月份日記之例

——一個小學生的日記——

Thur., May 9. Rainy.

As it is the National Humiliation Day, we do not go to school. Father, elder brother, sister all stayed at home. After breakfast, father called us to his study. From the solemn look of his face, we all knew something inportant would happen. We sat down silently around his desk, all gazing at him。At first, father asked us whether we still remember the natinal humiliation or not. He also told us that, twenty-one years ago, on this same day, the Japanese, our ditter enemy, forced our government to sign the Twenty-One Demands After that, he explained to us the Twenty-One Demands briefly, and bade us to bear in mind this humiliation for ever and ever.

Was deeply moved by his speech.

五月九日，星期四。雨。

今天是國恥紀念日，我們不去上學，父親、哥哥、姊姊都沒出外。早飯後，父親叫我們到他的書房裏去。父親的臉色很嚴肅，我們都知道會有什麽重要的事情發生了。我們圍着他的書桌靜悄悄地坐下來，幾個人都望着他。父親起初問我們還記不記得這次的國恥。他告訴我們說二十一年前的今天，我們最大的敵人日本強迫中國政府簽訂二十一條。說着他便把那二十一條簡單地解釋了一遍，吩咐我們永遠記在心頭。

聽了父親的話很是感動。（譚湘鳳作）

月　　日

星期

認識我們全部世界的連續性，努力去促成世界各種矛盾的發展，同時我們就在這矛盾中進展着。——胡愈之

月　日
星期

眞純的友誼好像健康，失去時纔覺到它的可貴。

——哥爾頓

月　　日

星期

一切理論上的糢糊，都有很大的害處。

——樸列漢諾夫

月　　日

星期

我們要覺悟由遺傳的作用而生成的人類是沒有特權要求永生的。　　——赫克爾

月　　日
星期

批判是科學的生命。

——古辛

月 日

星期

我在青年時代不喝酒，也不嫖女人，代替這兩種方式的嗜好，是讀書。 ——高爾基

May 月 7 日
星期 Sun

Attended The Highland Literary Club in which Mr. Chen Chungwun, (沈从文) famous Chinese novelist, took part. He spoke Hunan dialect which was so hard for us to understand and so low that I could catch only a few sentences. At last he said, "to see life as if it were a novel, and "to see real novel as if it were life."

新的性道德不是靈和肉兩相敵視的。

——愛倫凱

月　　日
星期

攻打共同的敵人，必須要盡可能的努力，大衆的口號，是'攻打'不是'防守'。　　——伊理契

月　　日

星期

眞的知識是有因的知識。

——培根

月　　日

星期

可以與奮人的能力，發達人的精神的東西，更沒有比有計劃的志願與相當的貧困的壓迫兩者所結合起來的力量更爲透澈更爲有效的了。　　——克里夫蘭

月 日

星期

我從不肯把一知半解的解答，看作是完全。

——穆勒

月　　日

星期

我必須向前，直到我被阻擋時，但無事能阻擋我。

——雪萊

月　日
星期

不管人間的事務，也不讓別人去管，既無義憤，又無同情，這一切都是弱點的本性。 ——伊璧鳩魯

月　日

星期

無論在這一世界抑或在這一世界以外的任何地方，我們斷不能找出完全不附條件而能被稱爲善的事物。——康德

月　　日
星期

無知識的熱心，有如在黑暗中遠征。

——牛頓

月　　日

星期

每個人的思想乃是他的時代精神與環境所造成的。

——倍倍爾

月　日
星期

若是爲女人而沈溺於情愛不能自拔，那對自己是一筆損失。

——屠格涅夫

月　　日
星期

你是一名奴隷嗎?那麼你不能爲人友,你是一位暴君嗎?
那麼你不能得友。　　——尼采

月　日
星期

在希望與失望的決鬭中，如果你用勇氣與堅決的雙手緊握着，勝利必屬於希望。 ——潑萊納

月　　日
星期

把沒有思索到的事項來行發表，非我之所能。

——康德

月　　日

星期

在人類一般命運中享有一個相當的部分，那無論多少，我是應當滿足的。 ——穆勒

月　　日

星期

人生的每一時刻都應當有牠的高尚的目的，

——高爾基

月　　日

星期

心小的人常以自己的尺度推测一切。

——阿尔支巴绥夫

月　　日

星期

詩人之所以爲詩人，就在他有種才能會把平凡的對象，引到興趣這方面。

——歌德

月　日

星期

不要靠餽贈來獲得一個朋友，你須貢獻你摯情的愛，學習怎樣用正當的方法來贏得一個人的心。　——蘇格拉底

月　　日

星期

要安放婦女的全重量在人類世界的創造里，以恢復失去了的社會的平衡。　　——太戈爾

月　日
星期

對於軟弱而昏沈的感官說話，是要霹靂和烟火的。

——尼采

月　　日

星期

一個人當爲他人而生活，纔可以永遠幸福。

——托爾斯泰

月　日
星期

偉大的事業是根源於堅忍不斷的工作以全副的精神從事，不避艱苦。

——羅素

月 日

星期

我們如果認知自己的力量，便可以更清楚地知道何種擔負是有成功的希望的。 ——洛克

月　日

星期

我們所希求的是人類打破虛僞的禮儀來互相攜手。

——雪萊

五月份新的生活之檢討

這是自我批判之忠實記錄

生活與工作	生活的經驗	
	身體與健康	
	發現與感想	
	讀書的心得	
	工作的經驗	
	問題研究	

五月份時事摘要

本月份國內時事摘要	
本月份國外時事摘要	
時事的感想與意見	

（快步進行）
Marciavivaoo　G調

義勇軍進行曲

2/4　聶耳作曲

（軍號獨奏）

1·3 5·5 | 6 5 | 3·1 555 | 3 1 | 555 555 | 1 0 5 | 1·1 | 1·1 5 6 7 | 1 1 |

起　來！不　願做奴隸的　人們！

0 3 1 2 3 | 5 5 | 3·3 1·3 | 5·3 2 | 2— | 6 5 | 2 3 | 5 3 0 5 | 3 2 3 1 | 3 0 |

把我們的　血肉，築成　我們新的長　城！中華　民族　到了　最危險的時　候，

5·6 1·1 | 3·3 5·5 | 2 2 2 6 | 2·5 | 1·1 | 3·3 | 5— | 1·3 5·5 | 6 5 |

每個　人被　迫　着發　出　最後　的吼　聲！起　來！起　來！起　來！　我們　萬衆　一心，

3·1 5 5 5 | 3 0 1 0 | 5 1 | 3·1 5 5 5 | 3 0 1 0 | 5 1 | 5 1 | 5 1 | 1 0 |

冒着　敵人的　炮　火　前進　冒着　敵人的　炮　火　前進！前進！前進　進！

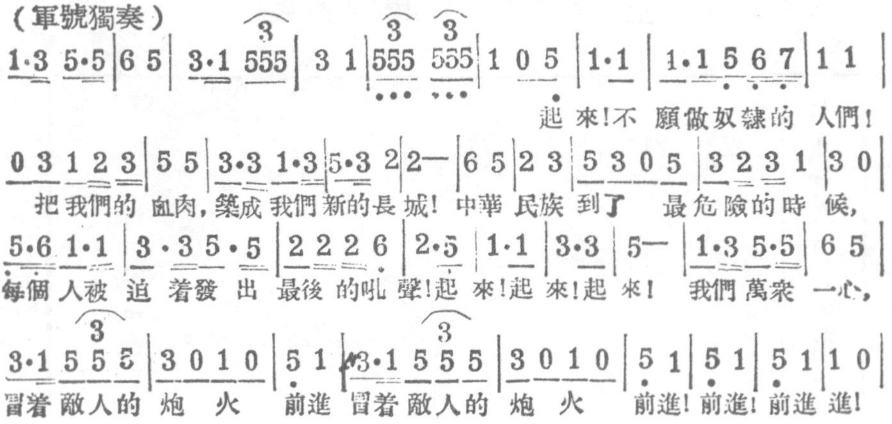

瞄準敵人的胸膛，使侵略者洞穿肺腸，四百兆黃帝子孫，歡暢歡暢！

六月份日記之例

——一個大學生的日記——

窗外的天氣這麼好，鴿子的鳴聲好像在遙遠的什麼地方響着，又是快樂的禮拜六！

校園裏，太陽杲杲地炫射在薔薇架上，柔和而輕盈的疏影落在那下面，菊科的植物，新鮮的玫瑰，雄宏的大蓮，全都開了花，投上了一片活動的日光，似有最活躍的生命的泉源在花上流注。正是快樂的禮拜六。

同學中，"禮拜六派"（這是我們學校裏的術語！）佔着最大多數，自晨至夜，皆大肆活躍。此派分爲兩支派：一派是把禮拜六爲唯一的享樂的日子，又一派則簡直視每日爲禮拜六，一味地把學校當作遊戲場。這兩派並無其他差別。我不參加任何一派。我厭惡他們的生活。他們的全部生活哲學，我不能，我不願解理。同級的跳舞健將老熊，是百樂門飯店的老主顧，頓時笑吟吟地對我說："跳舞是唯一的人生科學；你不想玩玩嗎？"一回兒，賭的聖徒老譚，對着"今晚賽狗"的廣告說："賭是萬能的上帝。"耽讀張資平，張恨水，張春帆之類作品的小說迷老鍾，一天廿四小時就追逐於鴛鴦蝴蝶的迷陣裏，一竅不通。

色情狂的老汪，不知是幾時溜出去的，竟是入晚還不見回校。只見那"吃客"老陳 醉醺醺地像爛污水手鬼子一樣，一顛一簸地跌進校門來了，口裏還在喃喃地背誦他吃過的菜單。還有一位妙人，學生會主席老沈，白天裏玩够了，到夜裏才召集會議，有目的是要開辦識字學校。到會者，除主席外，只有指導委員一人，結果，一聲散會，終於開不成。

每天我們學校里是充滿着諷刺畫般的笑料。典型的半殖民地型的智識份子在課堂上，宿舍內，運動場、學校外，扮演着形形色色的趣劇。我知道徒然用諷刺的眼睹去旁觀這些趣劇是於己無益的，所以集合了十多個志趣相同的男女同學織織了一個"國際知識研究會"，今夜就在他們的識字學校籌備會散會以後，我們在羣英堂開了第一次的會議，討論了各種的組織法，並且議定了一次的討論問題。

在歸到宿舍的校園路上很興奮地走着，忽然在燈光微弱的薔薇架下給一樣什麼東西絆住了脚，定睛一看，原來是喝醉了老酒的小陳躺在地上，像病牛一樣在喘着氣。這活寶！（優生作）

月 日
星期

一個偉人不單有着他自己的才智，他還可有着他的朋友的才智。 ——尼采

月　　日

星期

偉大人物最明顯的標幟就是他的堅持的意志。

——愛默生

月　日
星期

無論何種事物，在我沒有明白認識以前，不能承認它是眞的。

——笛卡兒

月　日
星期

兩性間的結合祇要不能給丈夫與妻子以幸福時，那就毫無價值可言了。

——雪萊

月　　日

星期

成功祇是快樂的成因之一，如果不顧其他一切因素，專求成功，那就未免太獃了。——羅素

月　　日
星期

我相信我的生括，我無理智，我的光明，只是叫我去啓他人之蒙。　　——托爾斯泰

月　　日

星期

休假日是教我們不讀學校中的教科書，而讀更偉大的社會的書。　——蕭曼

月　日
星期

單純有肉體的，有機的慾望與快樂，不能使生活圓滿。

——穆勒

月　日

星期

在科學上決不能信賴'閉關原則'。

——達爾文

月　日
星期

人類值得誇耀的一切貴重而合理的事物是由知識和勞動創造出來的。　——高爾基

月　日

星期

我們所希求的是人類打破虛僞的禮儀來互相攜手。

——雪萊

月　日

星期

要求幸福的人必須把他的心安放在自身幸福以外的某種對象上，即安放在人類的改善事業上。——穆勒

月　日
星期

有些書是應該淸嘗的，有的書是應該整呑的，又有少數的書是應該細嚼，應該消化的。 ——培根

月　日

星期

知因果而知者，始爲眞知。

——培根

月　　日

星期

我們必須學習，學習，再學習。

——柴霍甫

月　日

星期

關於書本的事，我只有一句話要説，卽讀書並不是學問的主要部分。 ——洛克

月　日

星期

我常常把連我也認爲可羞的事都説出來。

——托爾斯泰

月　　日

星期

愛可以成爲一種喜劇，亦可以成爲一種悲劇。

——鄧肯

月　　日

星期

完成你每日的工作，就不要再去掛慮着它，因爲你已盡了你的所能去做。

——愛默生

六月廿日
星期二

昨天錢鍾書先生说:"有些人看了'Romeo and Juliet'之后,自己就想做一个Romeo,去找一个Juliet"这的确是大多数人看电影的心理,也是把实用态度用到艺术上的一个錯誤。

今天读沈从文"废邮存底",他说"幽默使人世故。但一个人世故会使对是非势力会冷淡"。这是幽默太过的一个大缺点。

总之,天下事有一利必有一弊,能得其利而避其弊,则胜利舍我其谁?

有些事应该用实用的态度对待,有些应该用艺术的态度,总之,随机应变就是。

回润之信。

回希生信,要他替我在建華弄一个助理员。

回老弟写信取款。

歷史所存留的事實,並非全是原來實在所有的事實。

——笛卡兒

月　　日
星期

對於一種語言有了科學化的知識，別種語言就比較容易學了。——甘地

月　　日

星期

對於死去的朋友的哀憐，不當用眼淚表示，而應用靜默的實施表示。　　——伊璧鳩魯

月　　日

星期

每個人是他所生息的時代與環境之產物，每個人的思想乃是時代精神與他的環境造成的。　——倍倍爾

月　日
星期

眞實是非常可貴的東西，所以我們應該謹愼地使用它。

——馬克吐溫

月　　日

星期

要探討一切事物，不畏難不輕斷，非經過嚴格的考查，

勿容納自己或他人的意見。　　——穆勒

月　日
星期

我們歌唱，讚美着大無畏的勇敢。

——高爾基

月　　日

星期

意見的不同，並不是這個人比那人更有理性，只是我們的思想在不同的方向中發展。　　——笛卡兒

月　　日
星期

科學就是實在世界的表現。

——蒲郎克

月　　日
星期

人生的快樂是在人生的酷烈的戰爭裏面。

——史特林堡

月　　日
星期

妻子並不是丈夫的奴隸，而是幫助他的伴侶。

——甘地

六月份時事摘要

本月份國內時事摘要	
本月份國外時事摘要	
時事的感想與意見	

六月份新的生活之檢討

這是自我批判之忠實記錄

生活與工作	生活的經驗	
	身體與健康	
	發現與感想	
	讀書的心得	
	工作的經驗	
	問題研究	

轟！轟！轟！ 哈哈哈 轟！

　　砲彈到處：擊碎了敵人的胆魄！

　　響聲過耳，驚醒了侵略者的迷夢！

轟！轟！轟！ 哈哈哈 轟！

七月份日記之例

——一個孤島人士的日記——

（七月七日）人死後，在他週年的忌日，後死者照例應有一番憑弔！買些鮮花水菓，供奉靈前，跪下大哭一場，或則辦些酒菜點上香燭，祭奠一番，再化些錁錠作贈旅費。在這一日，往往追懷着死者生前的懿行嘉德，刻苦奮闘的創家的艱困，對待自己的種種好處！於是不期然心一酸，熱淚便撲簌簌的從眼中流下，要是自己不能克紹箕裘，秉承祖先遺規，而是個不肖的子孫，那時自己該如何的愧悔交并啊、幸而尚可對得起祖先，那尤須格外策勵，兢兢業業，庶幾無負於祖先的期望！

半封建半殖民地陳腐的落後的中華民國，在去年今日的炮聲宣告了壽終正寢，時光眞快，今日已是它一週年的忌日。每一個他的子孫似乎不能默默的無動於中，毫沒有一點自省，毫沒有一點檢討！

首先我們應該讓頭腦進入完全淨化的境界，然後再想一想：我們是中華民族的子孫，生於斯，食於斯，祖宗的墳墓也在斯。誰破壞了我們的家園？誰把我們的父母妻女親朋友好分離？誰逼迫我們踏上這步田地？誰更把我們的祖宗墳墓在掘毀？這一切呵！是不是「天」註定下我們的命運？同是黑髮，同是黃臉，同是圓顱方趾，我們難道生就了奴隸的坯子頸項裏套樑鎖，被殘酷的鞭笞？被無辜的慘殺？……百年前，我們的祖先的時代也像現在這樣嗎？

一年來炸彈下的狂奕，炮火中在洗煉，還不足驚醒迷戀於僵屍的春夢嗎？還不够揭穿侵略者僞善的面具嗎？掬出自己鮮紅滾熱的心，供獻在先烈靈前，仔細看一看；這上面有着多少恥辱的暗點？罪惡的斑痕？一年來出賣了多少良心？這時該如何的痛切既往，拜倒靈下，放聲大哭！但即使哭得淚痕斑斑，淸水一洗，依然像過去樣哈哈，那又有何用？所以最要緊，是要能痛誓懺悔。『敗子回頭金不換』，確確實實做個『新我』！繼承祖先的遺業，秉承祖先的遺志——立功，立德，立業，光耀門庭，造福社會：

多多少少的伯叔兄弟諸姑姊妹，拋却了享樂的生活，在日以繼夜的工作，不顧着危險，在槍林彈雨底下出入！爲了創造新的國家，灑下多少殷紅的碧血去灌漑，拋上多少萬顆頭顱去奠基，更把肉的身體築成一條肉的長城去抵禦強暴者的槍彈！偉大啊！偉大啊！這是後死者的責任！

黑鐵，紅血，白骨的艱苦鬬爭中蛻化出新生，中華民族的前程無量的光大！一周年的今日我們應該捧呈整個活鮮鮮的心兒在亡靈前祭奠！（拓荒作）

月　　日

星期

天才是免不了有障礙，因爲障礙是創造天才的。

——羅曼羅蘭

月　　日
星期

帶着桎梏的詩歌，束縛了人類。

——勃來克

月　　日

星期

心中本無天賦原理。

——洛克

月　日

星期

把自已的幸福與社會的幸福結合爲一，這無論對於男女，都是最必要的事。 ——倍倍爾

月　　日

星期

貧窮的眞正原因，是不從事生產而集中於都市的人手中所積蓄的財富，　　——托爾斯泰

月　　日

星期

我從來不說我已完全瞭解問題的某一部來，除非我已瞭解問題的全部。　　——穆勒

月　　日

星期

非加以試驗，我就不能自安。

——達爾文

月　日

星期

今日資本主義的科學者，大部是權力者的奴才。

——倍倍爾

月　日
星期

希望會使你年青的，因爲希望與青春都是同胞兄弟。

——雪萊

月　日

星期

你也許讀了許多書，但你仍會像你沒有以前一樣無智，除非在你的腦袋裏，你把文字都變成你由觀察自然而得的意象。——服爾泰

月　　日

星期

我從不敢放鬆疑難，遇有疑難，必再三研究，一直到明瞭爲止。——穆勒

月　　日

星期

眞純的友誼好像健康，失去時纔覺到它的可貴。

——哥爾頓

月　日

星期

前人之說，後人不盡可用。

——弗洛意德

月　日

星期

語言的天才，常有在於鄉下的漂泊者身上。

——托爾斯泰

月　　日
星期

爽爽直直的模仿和那鬼鬼祟祟的剽窃的下作毫不相干。

——紀德

月 日

星期

過於稱讚渺小的事物，便失去了對於大者的注意。

——伊璧鳩魯

月　　日

星期

科學及藝術的活動，祇有在不計權利唯知義務的時候，

纔有成果。　　　　　　　　　　——托爾斯泰

月　　日

星期

我不重視我自己，亦不輕視我自己。

——穆勒

月 日
星期

災難有絕對的價值，不幸即力量之泉源。

——羅曼羅蘭

月　日
星期

要獲得一個朋友的唯一方法，便是自己先做人們的朋友。

——愛默生

月　日
星期

我忍耐地回想或思考任何懸而不決的問題，甚至連費數年亦所不惜。——達爾文

月　　日

星期

我一定要創造一種格調，否則便被別人的格調束縛。

——勃來克

月　　日
星期

一個人不應該讓痛苦來毀滅自己。

——屠格涅夫

月　　日

星期

如果對於一切事物都感到恐懼，人生就永無安之一日。

——伊璧鳩魯

月　　日

星期

刑庭的判決書，阻止不住思想的進行。

——左拉

月　　日
星期

我超過尋常人之處，是在我能觀察得很精細。

——達爾文

月　　日

星期

我恨的是讀書的消閒者。

——尼采

七月廿八日 星期五

聽曹禺（萬家寶）談戲劇

第一要多搜集材料，創作如incubation，搜集材料時不必一定可以應用，也不一定都要應用；inspiration來時，材料自然可以應用。因為人生複雜，不是想像得到的。如一人很愛"蛋炒飯"，因做了几十年後發跡了，又怕人瞧不起，所以人請他吃飯時常先吃碗蛋炒飯，補上所去，吃了兩个菜，推說應酬忙，又要等着事開，回來再吃碗蛋炒飯。又如二十年前的一位美麗的女朋友，現在是有了孩子的太太了，見着他不說話笑起來，直到送他出門時才指着她的女孩子說："你看她還像十年前的我嗎？"他說："她說先生並不老呀！"這也是耐人尋味生長的材料。材料很多，我們應隨時注意。

第二人物不要太典型化了。太壞的說壞和太好的處處表現都使觀眾學不到而不受影響。

第三對話應是話不是文章，如"憤怒"是好的文章，都不是好的對話。好的對話是想不到的，如窮親戚來了，客人在客了坐，主人指着問僕人"沒有走嗎？這？"

第四方言要緊，因為方言有時引起地方人的情感。

有人以為個人可和歷史脫離關係，這是一種幻想。

——伊那契

月　日
星期

功夫乃是藝術家最無法讓渡的財產。

——紀德

月　　日
星期

個人的好處，包含在衆人的好處裏面。

——甘地

月　日
星期

我們要愛書，要讀書，但不可漫無選擇。

——法朗士

七月份新的生活之檢討

這是自我批判之忠實記錄

生活與工作	項目	
生活與工作	生活的經驗	
	身體與健康	
	發現與感想	
	讀書的心得	
	工作的經驗	
	問題研究	

七月份時事摘要

本月份國內時事摘要	
本月份國外時事摘要	
時事的感想與意見	

名人抗戰言論(二)

我們應如何抗敵救國　馮玉祥

在敵人不斷的侵略下，我們只有實行抗敵，如何抗敵？可分三點：

第一，如何正確估計敵人？（一）侵略我們的是日本軍閥，我們對他們，不應再存絲毫幻想，祇有以鐵血對付之。(二)敵人的力量不可估計太高，證以蘆溝橋戰事，敵人計劃一二月，全力攻擊兩星期，傷亡由五六百人至三千人，始終沒有攻下，可見我們只要有相當準備，就可抵抗敵武器的優勢。至於敵人想利用漢奸，那是辦不到的，觀乎通縣保安隊的反正，可知凡我同胞都必然的能够一致站在抗敵戰線上。(三)不可把敵人力量估計太低，因爲民族革命戰爭，固然不單靠武器優良，但我們至少得有決心，有計劃，有準備，避敵所長攻敵所短，始可獲勝。總之，我們對敵人的正確估計，就是敵人物質力量並不可怕，我們有決心，有計劃，有準備，就可必勝。

第二，如何正確認識抗敵政策？　我們是愛和平的，抗戰正是爲要達到此目的，我們不是毀滅民族和國家建設，使敵人即使佔領了全中國，也毫無所得。我們是要在敵人侵略中把無論已被或未被敵人侵吞了的地方，用頑強的抗戰來把敵人完全驅逐出去，而得到國家的自由和平等。我們最後勝利的信心，決不是幻想。

第三，抗敵救國的辦法　(一)發揚我們民族抗戰精神，效法古人毀家紓難等辦法。(二)把我們一切貢獻給政府。(三)加倍生産節衣縮食，完全集中於國家手裏，準備作持久戰爭。

●

號聲洋洋，勇士上疆場，

憑着黑鐵，赤血，白漿，

來爭取中華民族的前程！

●

八月份日記之例

——一個農人的日記——

是晚稻收割的日子，我們攜帶鐮刀上了田隴。爺弓着背，飄着白鬚也跟我們一同去割禾。只要有穀子收，他是高興的，他笑着，我們年青人的心都融化在他的笑聲中，才出山的太陽把稻子上的露水照得緋紅，我們不再害怕牠了。

爺的鐮刀發出比較徐緩的響聲，我聽得出他的微喘。他有時直一直身子坐起來吸一筒烟，爲我們講述他年輕時代的故事。他說那時候過活是多麽容易，什麽都便宜，什麽都不用擔心，一個莊稼人只要勤儉用，不愁不會起家。但是現在變了，什麽都像完了，一個種田人，就是做到老死，也是飽半年餓半年，他說他活得厭了。看見他的笑容逐漸收斂，像感到一天的黑雲便要把大雷雨傾到我們頭上來。

下午，兩畝田的禾是割完了，堆成了五個土饅頭似的小丘。我們又用扁擔禾繩一擔一擔往自己的村子裏挑。老娘倒了一碗冷開水迎接我，那頓時驅除了我一半的疲勞。

女人們頭上包着頭巾把禾在打禾石上搭響着，黃金似的穀粒飛散在地上。田東收租的到了村上，我們請他吃了夜酒，他滿口稱讚着今年的年成太好，只是穀子怕賣不起價。臨走時說四天之內就要來收租，叫我們把穀子多晒一兩個太陽。想起了滿地的稻子有一半要交給別人，而且還負了十多塊錢的債，心頭就冰了半截。

晚上月亮很大，村上打稻聲響成了一片，看見老娘也在顫巍巍地弓着身子打稻，眼淚沒法子忍住。我搶着要幫她打，她駡我，說我明天還要早起割禾，不要管她的事。蚊子結成了一片網，叫人受不住。我們把老艾來燒烟，但沒有用。

在一盞暗昏的菜油燈下記了今天的日記，已經疲倦萬分。（平心作）

月　　日

星期

信仰是一切知識的終極，而不是開端。

——歌德

八月二日
星期三

附冯友兰先生讲"中和之道"

一个人可以吃五碗饭，只吃两碗时，大家就说他"中"，其实他可以吃三碗，吃三碗就叫"中"，四碗太过，两碗太少了。"和"与"同"的分别是："同"中无"异"，"和"中有"异"，如糖醋溜鱼就是酸甜咸苦异味的"和"。如酸甜咸苦不是恰好分量，糖醋溜鱼的味道是不和的。这恰好分量就是"中"。使每件事物成为恰好分量就是"和"。这就是中和原理。附会地说，辩证法的"由矛盾到统一"是"和"，"由量变到质变"是"中"。

应用到个人修养方面，生理上吃饭、喝水、睡觉等作到恰好分量就是一个健康的身体，心理上各种欲望满足到恰好分量就是一个健全的人格。

应用到社会方面，军人、政治家、教员等各种人要求权利不太过，要求职分不太少，就是一个好的社会。（各种人不是各种阶级，[illegible]是[illegible]的。）

应用到政治制度方面，资本主义民主最适中和。

给又薇信，回燮男信，寄妈[illegible]，[illegible]。

看到两张美丽的加拿大邮票，又想集邮了。

没有希望便没有努力。

——約翰生

月　日
星期

每個蔚子，必須要學會怎樣去治理國家。

——伊理契

月　　日

星期

懷疑的目的是要征服懷疑自己。

——歌德

月　　日
星期

讀一切好的書，就是和許多高尚的人談話。

——笛卡兒

月 日

星期

誰不會休息的,誰就不會作工。

——伊理契

月　　日
星期

勇敢是一個字，但是他是字中的永恆的哨兵。

——高爾斯華綏

月　　日
星期

如果你能征服自己，克服自己，你就能比你所夢想卻更爲自由。

——普希金

月　日
星期

人類之肉體的和精神的發達，也隨他所處的環境而轉變。

——倍倍爾

月　日
星期

一個說自己説得太多，總難免於浮誇。

——休謨

月　日
星期

純粹體力上的疲乏，祇要不過度，不但不妨害快樂，反面可以增進快樂。　——羅素

月　日
星期

即使最巧妙的模寫，也要比那不可復得的原物拙劣的。

——狄納莬夫

月　日
星期

最偉大的靈魂能成大善，亦能成大惡。

——笛卡兒

月　日

星期

人類是製造工具的動物。

——佛蘭克林

月　　日

星期

不屈伏，盡力奮鬥，咬牙握拳，準備應戰。

——高爾基

月　日

星期

愛不但消滅恐怖，且使人類樂於爲他人而犧牲自己。

——托爾斯泰

月　　日

星期

不可匆促的斥責別人，要用冷靜的態度觀察一切。

——羅默斯

月　　日

星期

凡最後的目的是爲尋求眞理，則無論其計劃是如何遭受挫折，結果斷不致有害。　　——甘地

月 日
星期

人類之所以能認識種種事物，全靠理智之力，而不是靠信仰之力。 ——托爾斯泰

月　　日

星期

對於那深信現存的生活狀態合理的人，是不能用言語，

而必須用事實去駁倒他的。　　　　——高爾基

月　　日
星期

在解除世俗的束縛的時候，一個人可以使那些無名的力量得着自由。

——雪萊

月　　日
星期

祇有在肉體勞動中，纔能得到健康，纔能促進人類的相互團結。

——托爾斯泰

月　日
星期

認識之先，使人類成爲自然的主人。

——狄慈根

月　　日
星期

統計愈完全愈好，觀察愈普遍愈好。

——笛卡兒

月　　日

星期

自由平等是要用熱血犧牲去換來的，沒有什麼便宜貨可揚。

——韜奮

月　日
星期

撇開了'現實'而侈言'理想'，則所謂'謳歌'將只是欺誑，所謂'慰安'，將只是揶揄了。　——茅盾

月 日

星期

無破壞即無新建設，但有破壞却未必有新建設。

——魯迅

月　日

星期

我們應該以革命來紀念革命。

——章乃器

月　日
星期

殺人者在毀壞世界，救人者在修補牠，而炮灰資格的諸公却總在恭維殺人者。——魯迅

月　　日

星期

多有不自滿的人的種族，永遠前進，永遠有希望。

——魯迅

月　　日
星期

前人之說，後人不盡可用。

——弗洛意德

八月份新的生活之檢討

這是自我批判之忠實記錄

生活與工作	生活的經驗	
	身體與健康	
	發現與感想	
	讀書的心得	
	工作的經驗	
	問題研究	

八月份時事摘要

本月份國內時事摘要	
本月份國外時事摘要	
時事的感想與意見	

(快步進行) Marciavivaoo G調

義勇軍進行曲

2/4 聶耳作曲

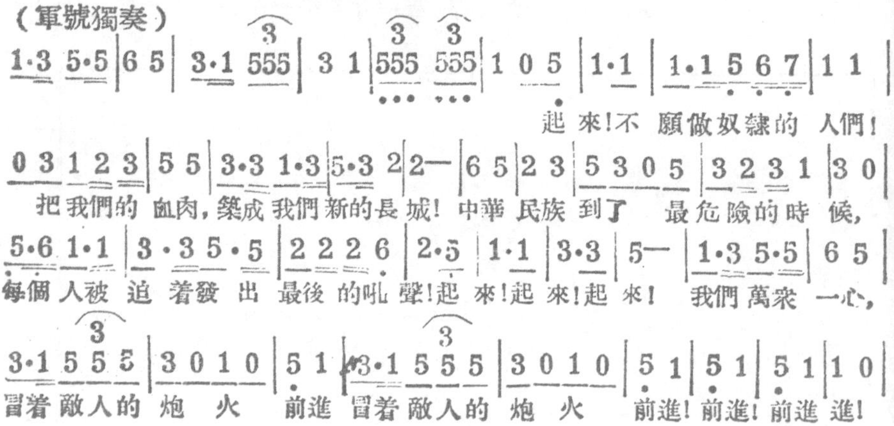

(軍號獨奏)

1·3 5·5 | 6 5 | 3·1 555 | 3 1 | 555 555 | 1 0 5 | 1·1 | 1·1 5 6 7 | 1 1 |

起來！不 願做奴隸的 人們！

0 3 1 2 3 | 5 5 | 3·3 1·3 | 5·3 2 | 2 — | 6 5 | 2 3 | 5 3 0 5 | 3 2 3 1 | 3 0 |

把我們的 血肉，築成 我們新的長城！ 中華 民族 到了 最危險的時 候，

5·6 1·1 | 3·3 5·5 | 2 2 2 6 | 2·5 | 1·1 | 3·3 | 5 — | 1·3 5·5 | 6 5 |

每個 人被 追 着發 出 最後 的吼 聲！起 來！起 來！起 來！ 我們 萬衆 一心，

3·1 5 5 5 | 3 0 1 0 | 5 1 | 3·1 5 5 5 | 3 0 1 0 | 5 1 | 5 1 | 5 1 | 1 0 |

冒着 敵人的 炮 火 前進 冒着 敵人的 炮 火 前進！前進！前進 進！

"組織民衆"和"武裝民衆"是抗戰期中必要的工作；這，是廣東民衆已經武裝起來的報告。

九月份日記之例

——一個大學生的日記——

窗外的天氣這麼好，鴿子的鳴聲好像在遙遠的什麼地方響着，又是快樂的禮拜六！

校園裏，太陽杲杲地炫射在薔薇架上，柔和而輕盈的疏影落在那下面，菊科的植物，新鮮的玫瑰，雄宏的大連，全都開了花，投上了一片活動的日光，似有最活躍的生命的泉源在花上流注。正是快樂的禮拜六。

同學中，“禮拜六派”（這是我們學校裏的術語！）佔着最大多數，自晨至夜，皆大肆活躍。此派分爲兩支派：一派是把禮拜六爲唯一的享樂的日子，又一派則簡直視每日爲禮拜六，一味地把學校當作遊戲場。這兩派並無其他差別。我不參加任何一派。我厭惡他們的生活。他們的全部生活哲學，我不能，我不願解理。同級的跳舞健將老熊，是百樂門飯店的老主顧，頓時笑吟吟地對我說：“跳舞是唯一的人生科學；你不想玩玩嗎？”一回兒，賭的聖徒老譚，對着“今晚賽狗”的廣告說：“賭是萬能的上帝。”耽讀張資平，張恨水，張春帆之類作品的小說迷老鍾，一天廿四小時就追逐於鴛鴦蝴蝶的迷陣裏，一竅不通。

色情狂的老汪，不知是幾時溜出去的，竟是入晚還不見回校。只見那“吃客”老陳 醉醺醺地像爛污水手鬼子一樣，一顛一簸地跌進校門來了，口裏還在喃喃地背誦他吃過的菜單。還有一位妙人，學生會主席老沈，白天裏玩够了，到夜裏才召集會議，有目的是要開辦識字學校。到會者，除主席外，只有指導委員一人，結果，一聲散會，終於開不成。

每天我們學校里是充滿着諷刺畫般的笑料。典型的半殖民地型的智識份子在課堂上，宿舍內，運動場、學校外，扮演着形形色色的趣劇。我知道徒然用諷刺的眼睹去旁觀這些趣劇是於已無益的，所以集合了十多個志趣相同的男女同學織織了一個“國際知識研究會”，今夜就在他們的識字學校籌備會散會以後，我們在羣英堂開了第一次的會議，討論了各種的組織法，並且議定了一次的討論問題。

在歸到宿舍的校園路上很興奮地走着，忽然在燈光微弱的薔薇架下給一樣什麼東西絆住了脚，定睛一看，原來是喝醉了老酒的小陳躺在地上，像病牛一樣在喘着氣。這活寶！（優生作）

月　　日
星期

凡有一種公布的事實，一種新的觀察與思想為我所見到，而與我自己的一般見解相反者，我必抄錄下來。——達爾文

月　日
星期

飲酒這件事乃是從苦痛，貧困與無知這三者裏面產生的。

——狄更斯

月　日
星期

青年的朝氣倘已消失，前進不已的好奇心又已衰退以後，人生就沒有意義。——穆勒

月　日
星期

欲動天下者，必先自動。

——蘇格拉底

月　　日

星期

如果我的周圍沒有羣衆，我這個人就好像是不能進行勞動的人一樣。——狄更斯

月　日
星期

在宇宙間自修，長育，眞的是同找尋親故一樣。

——紀德

月　　日
星期

凡是不收穫的人，也是不播種的人。

——高爾基

月　　日

星期

無論作什麽事，都用全部的精力和集中的注意力。

——達爾文

月　　日

星期

什麽是失敗？不是別的，它只是走上較高地位的第一階段。

——菲力

月　　日

星期

我從沒有想過利用科學增進我的財富。

——笛卡兒

月　　日

星期

猶疑不決，是最使人困倦的，也是最無用處的。

——羅素

月　日

星期

科學不僅給予人類物質生活上的利益，並能使人類思想進步而且正確，把人類的思想從迷信和黑暗中拉出來。——克士

月　　日

星期

凡是或然的都是不可靠的。

——笛卡兒

月　日

星期

搜集慾往往能使人養成一個有系統的博物學家或藝術賞鑑家。——達爾文

月 日

星期

我從來不肯因爲一個問題的某一點，不關重要，而任其暗昧不明。

——穆勒

月　日
星期

假使我不爲了自已而做，那麼誰爲我而做呢？但是假如我專爲自已而做，那又爲什麼而生存呢？——希勒來爾

月　　日

星期

幻想出來的痛苦，也一樣可以傷人。

——海涅

九月十八日
星期一

读鲁迅译的厨川白村的"苦闷的象征"

第一"创作论"

每流遇然不发生浪花，铁碰石不生火花，两力相冲突就生美丽的花。人也有两种力，一是生命力，~~如火车的蒸汽力~~，即是个性的表现，是创造生活力。另一是压抑力，就是社会的强制力。生命力是自由的，解放的，但受了社会力的强制压抑，从而苦闷。用具体的方法表现苦闷，这苦闷的象征就是文艺。

晚上读茅盾的三部曲（蚀）之一"幻灭"

（一）有传统的慧和柔顺的静同住（二）抱素伺机了解，同情静（三）（四）抱素爱慧，慧因为被很多男人，只玩弄他（五）慧走了，静因情的同情抱素而受他的欺骗（七）静发现抱素有爱人，是军阀的走狗（八）静在医院养病，对政治发生兴趣（十）静参~~加~~政工作的政治训练班的工作只是呼口号，贴标语，游行，她会上的官僚，静走以退出（十二）静在医院做看护和强连长恋爱（十三）庐山度蜜月（十四）强连长再从军，静感觉幻灭的悲哀。（三）（九）（十一）写得空虚，强连长写得平凡，之缘还好。

月　日

星期

我們決不能拿古昔的尺度來量時代的倫理。

——羅曼羅蘭

月　日

星期

宗教是人民的鴉片。

——卡爾

月　日
星期

如果誰要讀好書，誰就應該避免壞書。

——叔本華

月　　日
星期

我的藝術要注力於困苦的解放，其餘都非所計。

——悲多汶

月　　日
星期

讀自己的文章，眞而感出拙陋厭惡的，是很有幸的。

——幸田露伴

月　日
星期

不是意識決定存在，乃是存在決定意識。

——卡爾

月　　日

星期

富足與奢華未必能使一個人滿足，至少我曉得富有的人是不能成就什麼有價值的事業的。　——鄧肯

月　日

星期

不愉快並非人類生存裏面無法改變的基礎，却是人們必須而且能夠從生活中排除的恥辱。——伊理契

月　　日

星期

人生有千百種災殃，畏懼這些災殃纔是致命傷。

——達拉伯

月　日

星期

影響本身並不是絕對好的或壞的，全要看受影響的人如何決定。 ——紀德

月　　日
星期

人類因着他自己創造的環境而決定自己，影響外界。

——拉法格

月　　日

星期

人的願望和慾念在其自身並不是罪惡。

——霍布士

九月份新的生活之檢討

這是自我批判之忠實記錄

生活與工作	生活的經驗	
	身體與健康	
	發現與感想	
	讀書的心得	
	工作的經驗	
	問題研究	

九月份時事摘要

本月份國內時事摘要	
本月份國外時事摘要	Britian declared war on Germany.
時事的感想與意見	

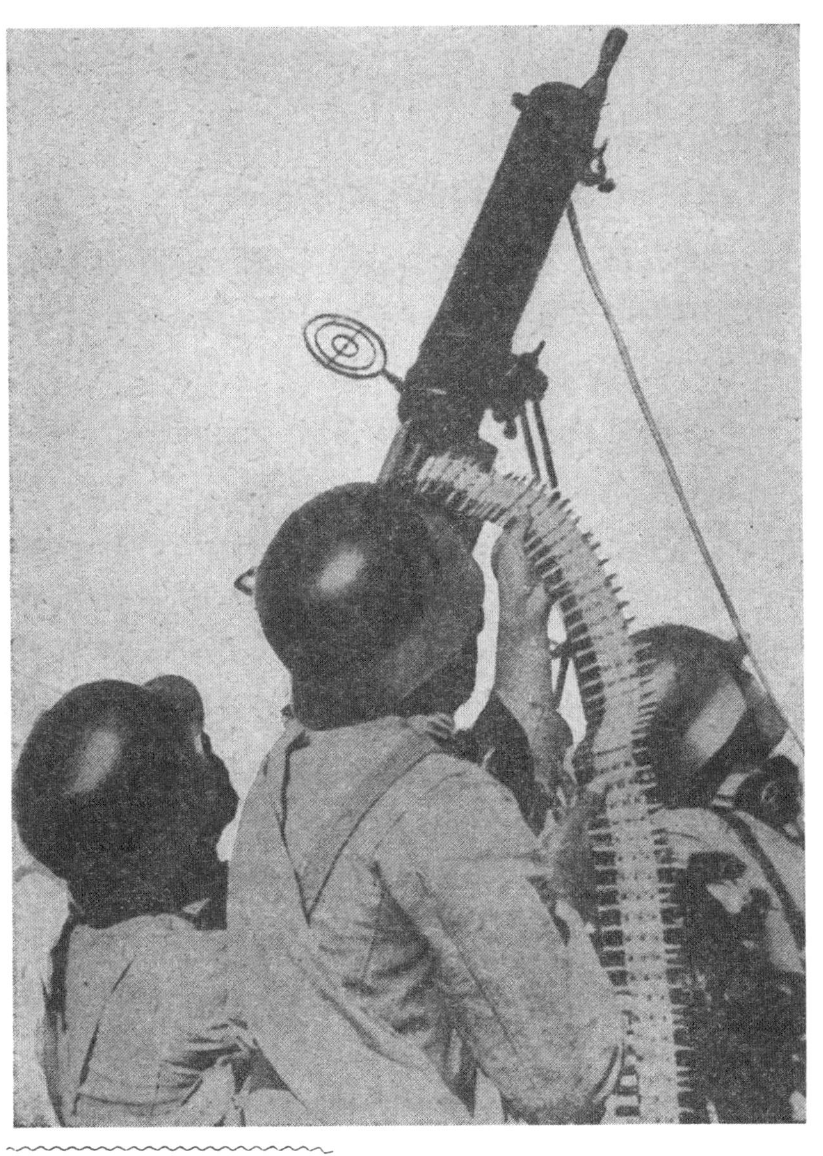

看哪！敵人的轟炸機又光臨了，快搖，快搖！

擊中了！擊中了！最後勝利一步一步的近了！

十月份日記之例

——一個文學家的日記——

（十月四日）朝來腹瀉，告曉芙，曉芙亦爾，食生魚過多之故耶？素不喜食生魚，自入山中來，兼食倍常，殊可怪也。

久未閱報。今日定"A新聞"一分，國內戰事仍未終結，來月恐仍無歸國希望。

午三時頃出游，渡江南上，田中見一水臼，用粗大横木作槓竿，一端置杵臼，一端鑿成匙形，引山泉入匙腹中，腹滿則匙下，傾水入田中，水傾後匙歸原狀，則他端木杵在臼中椿擊一回，如此一上一下，運動甚形迂緩，無錶，爰數脈搏以計時刻。上下一次當脈搏二十六次，一分鐘間尚不能椿擊三次也。

田園生活萬事都如此悠閑，生活之慾望不奢則物質之要求自薄。……在我自身如果最低生活得所保證，我亦可以盡我能力以貢獻於社會。在我並無奢求，若有村醪，何須醇酒？

此意與曉芙談及，伊亦贊予，惟此最低生活之保證不易得耳。

歸途摘白茶數枝。（郭沫若作）

月　日
星期

希望是戀人的竿棒，提着它而行，揮舞着去反抗頹喪的意志。

——莎士比亞

月　日
星期

不曾認識人生的人，不會克服每日的畏懼。

——愛默生

月　　日

星期

青年的朝氣倘已消失，前進不已的好奇心又已衰退以後，人生就沒有意義。　——穆勒

月　　日

星期

在光榮與至善的希望裏，我勇往直前，一無所懼。

——普希金

月　　日
星期

生活並不是享樂，而是很辛苦的工作。

——托爾斯泰

月　日
星期

真的戀愛是只有在自由社會裏纔能完成的。

——加本特

月　日
星期

没有對立，就没有進步。吸引和拒絕，理性與情慾，愛好和憎惡，都是人類生存所必需的。——勒來克

月　　日

星期

或者是戰鬥，或者是投降，這當中沒有中立的餘地。

——皮爾生

月　　日

星期

誰若只做了一半，就等於沒有做。

——巴比塞

月　日
星期

我覺得奮不顧身的精神，能克服任何障礙，能在世界上創造任何奇蹟。　——高爾基

十月十一日
星期三

上课

吴宓先生讲"欧洲文学史"，他说表现意思的方法有两种，一种是声音，一种是形式，前者如欧洲的拼音字母，后者如中国的象形字。两种各有其长，也各有其短，不能说谁好谁坏，所以他不赞成拉丁化。

站在艺术的立场看起来，吴先生的意思是对的，但站在教育的立场看起来，他的意思却是错的，因为教育的目的是普及化，而方块字的确是太难了，就是中国人也要学几年才能学会，何如拼音字能说就能写，能写就能读呢？

刘泽荣先生讲"俄文"，他比较俄文字母和英文字母的同异，如 A = a, E = ye, И = i, O = o, У = u, Э = a, Ю = yu, Я = ya. 又分别俄文字母发音的不同，如 Ж, З 都读 z，但 Ж 是浊音，З 是清音。

以前在俄文专修学校读了一期，俄国人用中国字来比俄国字母，到如今不会读 Ж, З 时，只好我们学他念，读不出两字的分别。他一点钟教完了32个字母，刘先生只教16个，教授到底是教授。

爲眞理而能够戰鬭不息的人是光榮的。

——諾爾敦

月 日

星期

人生的每一時刻都應當有牠的高尚的目的。

——高爾基

月　　日

星期

人生的快樂是在人生的酷烈的戰爭裏面。

——史特林堡

月　日
星期

一個領袖的需要大衆，比大衆的需要他更切。一個領袖應當了解大衆，比大衆的了解他更為要緊。——巴比塞

月　　日
星期

凡你所認爲有益的，應該以社會公共活動爲出發點，爲羣衆而服務。 ——柴霍甫

月　日

星期

英雄常食苦難與試練之麵包。

——羅曼羅蘭

月　　日

星期

能做事的做事，能發聲的發聲，有一分熱，發一分光。

——魯迅

月　　日

星期

什麼是路?就是從沒路的地方踐踏出來的,只有從荆棘的地方開闢出來的。——魯迅

月　　日

星期

沒有一個新的東西產生，可以不費一點兒氣力。

——胡愈之

月　日
星期

學問家的成功，從沒有僥倖的事。

——鄭振鐸

月　　日
星期

暴露敵人的慘殺非戰鬭員，絕滅人道也正所以加強我們民衆的敵愾。

——茅盾

月　日

星期

我們有四萬萬五千萬的偉大的民衆力量，這是事實，但是不儘量運用，那也只是一個節的數量，仍然不會發生實際的效用。——韜奮

月　　日

星期

如果不能得到全部，應盡可能取其最好的部分。

——穆勒

月　日

星期

一偉大的著作總有一部份是枯燥無味的；一切偉大人物的生活，也總有一部份是平淡無奇的。——羅素

月　日
星期

我們的學説，不是獨斷，而是行動的指針。

——恩格斯

月　　日

星期

要把整個的心，奉獻於認定的宗旨。

——巴比塞

月　　日

星期

誰若寬容那些違反人類的大道而作惡的人們，誰也就是惡人。　　——巴比塞

月　日

星期

上前殺敵吧！不然就會爲敵所殺。

——史璜生

月　日
星期

真理是屬於大衆的，誰也不能毀滅他。

——海斯

月　　日

星期

不要因失敗而傷心，不要因勝利而昏狂。

——伊理契

月 日
星期

一生也不劳動，榨取他人的勞動和幸福，這是畸形，是醜惡。——托爾斯泰

十月份新的生活之檢討

這是自我批判之忠實記錄

生活與工作	生活的經驗	
	身體與健康	
	發現與感想	
	讀書的心得	
	工作的經驗	
	問題研究	

十月份時事摘要

本月份國內時事摘要	
本月份國外時事摘要	
時事的感想與意見	

抗戰四十韻　程潛

彗星輝紫極，災變起東牆；　鐵騎橫河朔，妖氛遍海疆；
普天同震動，舉國繫苞桑；　廟算無遺策，訏謨重贊襄；
雲謀驚濟濟，雨勇慶瑲瑲；　緒戰開淞滬，奇兵出太行；
陣名名正正，旅號號堂堂；　倭益兇殘逞，台維殺伐張；
飛輪翳日月，腥氣薄江洋；　有頂愁飛禍，無辜受刼殃；
兆民膺憤慨，四海切忠涼；　曠日持堅計，長期致果方；
血流黃歇浦，務輓石家莊；　冀北師先潰，江南餒愈彰；
耽耽虜虎死，逐逐我鷹揚；　秉鉞崇姜尚，揮戈效魯陽；
輕車過汴鄭，躍馬渡洛漳；　猛烈催前進，貔貅殺後場；
雁門高失守，金口險疏防；　敗卒排山倒，全軍背水亡；
中畿淪敵手，總弁解戎裝；　少壯遭屠戮，紅顏更悲傷；
懦夫行失措，文士色倉皇；　元帥憂勤甚，將軍惕勵忙；
奇籌憑而逆，難事向張良；　努力開生面，攻心授錦囊；
燕梁停節制，濟兗題聲光；　燕梁維徐旬，精誠護武昌；
蚌淮鏖戰久，沂嶧戰爭長；　狩獵征驕忿，遊狙禦虎狼；
幾經加創懲，勿復敢披猖；　克逆隨機定，成功恃理強；
義聲揚內外，浩氣貫穹蒼；　寇已衰而竭，予仍大且剛；
莫非吾領土，豈許汝跳梁；　此膽甘塗地，含羞無斷腸；
終歸哀者勝，畢竟孰稱王；　大辱何能忍，斯仇永不忘；
元元齊意志，肅肅振綱常；　共洗瀰綸恥，名留宇宙芳。

起來，　起來，

不願做奴隸的婦女們：

趕快武裝，奮勇殺敵；

梁紅玉，　花木蘭，

都是我們女性的典型！

十一月份日記之例

——一個農人的日記——

是晚稻收割的日子，我們攜帶鐮刀上了田隴。爺弓着背，飄着白鬚也跟我們一同去割禾。只要有穀子收，他是高興的，他笑着，我們年青人的心都融化在他的笑聲中，才出山的太陽把稻子上的露水照得緋紅，我們不再害怕牠了。

爺的鐮刀發出比較徐緩的響聲，我聽得出他的微喘。他有時直一直身子坐起來吸一筒烟，為我們講述他年輕時代的故事。他說那時候過活是多麼容易，什麼都便宜，什麼都不用擔心，一個莊稼人只要勤儉用，不愁不會起家。但是現在變了，什麼都像完了，一個種田人，就是做到老死，也是飽半年餓半年，他說他活得厭了。看見他的笑容逐漸收斂，像感到一天的黑雲便要把大雷雨傾到我們頭上來。

下午，兩畝田的禾是割完了，堆成了五個土饅頭似的小丘。我們又用扁擔禾繩一擔一擔往自己的村子裏挑。老娘倒了一碗冷開水迎接我，那頓時驅除了我一半的疲勞。

女人們頭上包着頭巾把禾在打禾石上搭響着，黃金似的穀粒飛散在地上。田東收租的到了村上，我們請他吃了夜酒，他滿口稱讚着今年的年成太好，只是穀子怕賣不起價。臨走時說四天之內就要來收租，叫我們把穀子多晒一兩個太陽。想起了滿地的稻子有一半要交給別人，而且還負了十多塊錢的債，心頭就冰了半截。

晚上月亮很大，村上打稻聲響成了一片，看見老娘也在顫巍巍地弓着身子打稻，眼淚沒法子忍住。我搶着要幫她打，她駡我，說我明天還要早起割禾，不要管她的事。蚊子結成了一片網，叫人受不住。我們把老艾來燒烟，但沒有用。

在一盞暗昏的菜油燈下記了今天的日記，已經疲倦萬分。（平心作）

月　　日

星期

世上沒有完全無缺點的人，要緊的是不斷地克服弱點。

——佛萊斯

月　　日

星期

不要停留於既經獲得的成功，停留而不進是不可能的，

應當每天有新的勝利。　　　　——羅曼羅蘭

月　　日
星期

經驗越複雜多歧，他的人格就越高尚，眼界也越廣闊。

——高爾基

月　日

星期

有生於泥土中的人，但他比衣錦而遊者更皎潔。

——高爾基

月　日

星期

卽使你有極大膽的臆測和假說，但是決不要掩飾自己知識的不足。——巴夫洛夫

月　　日

星期

現在之勞，未來之樂。

——拿破崙

月　　日

星期

即使有如大賢所羅門的智慧，還是要學。

——屠格涅夫

月　　日

星期

在此非常時期，吾人須處處從世界大勢，中國全局着眼。

——黃炎培

月　　日

星期

只要大家不愛錢，不怕死，中華民國纔有救。

——胡愈之

月　　日
星期

由於許多歷史事實的教訓，敵人的侵略愈加深入，他們的防禦愈加困難，我們的抗戰決心，也一定愈加堅定，而最後勝利也一定愈有把握。——胡愈之

十一月九日
星期四

统计一下我的书籍，我书现在大多是在北京买的，从家里带来的只有三本，"鲁迅杂感选集""死魂灵"和"The Sorrows of Young Werther"。第一本是我大时买的，第二本是在离家上学路上买的，第三本是高中毕业后买的。这三本书的历史都不满两年，真是还不知道将被我欢喜多久呢!? 过去了的十几年光阴中，我所喜欢的东西现在对于我成了什么了? 小学时想了许多才得到的"天方夜谈"，现在就是英文本的"The Story of Aladdin""The Adventures of the Caliph Haroun al Raschid"对我已兴趣也有限了! 艺术是否有永久性呢!? 我现在欢喜的"文艺心理学"和"大众哲学"，将来读到更高深的书籍时是不也象"天方夜谈"同一的命运么?

我最近历来最久的东西就是考师二中高一时买的笔了，到今天还天天都用着，现在都在用的这枝 Parker fountain pen. 实用的东西倒是比较有永久性的啊! 我也就是个实用的人了! 记得你常自己问过自己是不是平凡的人，我现在才得到答案了——

在我們這裏，不分'我'和'你'的，我們的事業也正因爲如此而勝利的。 ——巴夫洛夫

月　　日
星期

援救凶手的，也是凶手。

——巴比塞

月　　日
星期

文字是不能和生活離開的，每個時代的文字，反映着每個時代的生活。

——胡愈之

月　　日

星期

槍桿自有槍桿的效用，筆桿也有筆桿的效用，只須用得其當，都可有它的最大的貢獻。　　——韜奮

月　　日
星期

四十年來新教育，最大的毛病，就是和民衆生活脫離。

——黃炎培

月　　日

星期

许多新名词，往往是人们汗血的结晶。

——胡愈之

月　日
星期

文化的動員，也是決定抗戰勝利的一個必要條件。

——艾思奇

月 日

星期

我們一方面固然隨時隨地刻苦學習，刻苦教育自己，把自己準備得更充分起來，但另一方面我們也不能不同時工作以應客觀的要求。 ——茅盾

月　　日

星期

還鄉工作，決不是逃難運動。

——錢俊瑞

月　日

星期

拋棄了一切的舊時生活習慣，要吃苦，耐勞，不灰心，至少限度，須與平民共甘苦，同起居。　——鄭振鐸

月　　日

星期

組織民衆，不但要瞭解他的要求，尤其要抓住他們的情緒。　——史良

月　日

星期

大衆的偉大的力量，是新時代的最最重要的象徵，

——韜奮

月　　日

星期

正因為我們需要全民抗戰，所以民權政治尤其必要。

——張志讓

月　　日

星期

在全民的抗戰中，勝負並不依靠武器來決定，而是依靠動員的人數來決定。　　——胡愈之

月　日
星期

被侵略的國家，要向強大的敵人實行抗戰，有兩個必要條件，就是統一和民主。　——胡愈之

月　日
星期

非常時期所需求之人才，從消極說來，第一，自私自利者不可用；第二，圓滑取巧者不合用；第三，束身自好者不夠用。——黃炎培

月　　日

星期

名，我所不求，功，吾所不爭，將我整個生命完全獻給我國家民族生存工作上。　——黃炎培

月　日

星期

辦事要大方一點，手筆要伸暢一點，打小算盤，弄小智術，
官僚主義，阿Q主義，實際上毫無用處。 ——毛澤東

月　日
星期

在此非常時期，吾人眞爲國家服務，有一事萬不可忽，交友是也。　——黃炎培

月　　日

星期

我們必須認爲中國軍隊爲整個的無論侵略何處，必須全力以赴。

——孫科

十一月份新的生活之檢討

這是自我批判之忠實記錄

生活與工作	生活的經驗	
	身體與健康	
	發現與感想	
	讀書的心得	
	工作的經驗	
	問題研究	

十一月份時事摘要

本月份國內時事摘要	
本月份國外時事摘要	
時事的感想與意見	

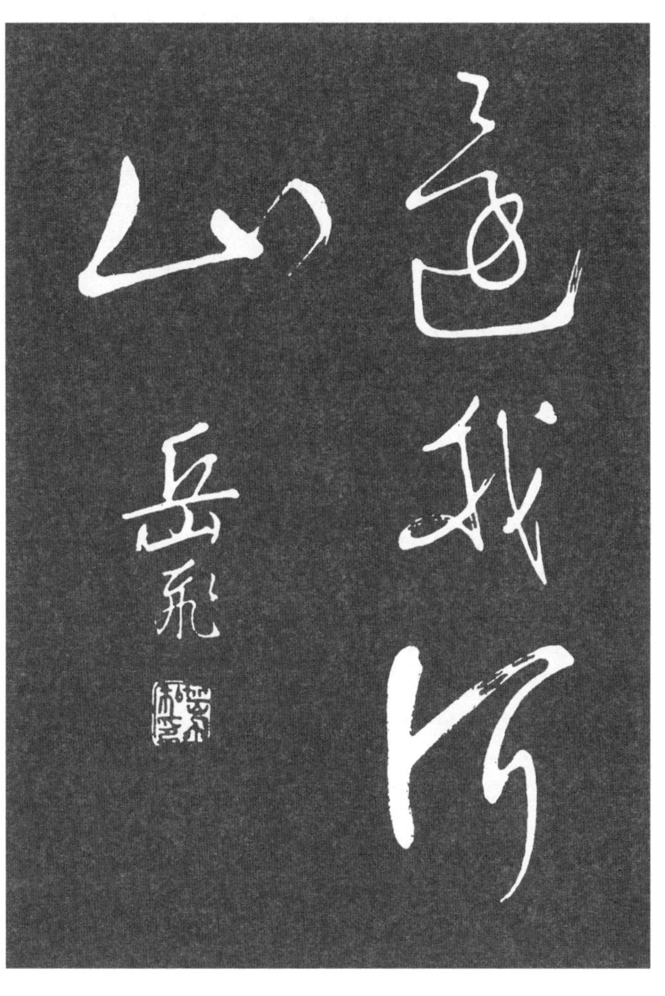
还我河
山
岳飞

十二月份日記之例

——一個中學生的日記——

Wed., Dec. 25. Fine.

Mr. Wang, a friend of mine now in Hongkong, sent me a nice book as Christmas present.

At evening, went to the neighboring church with Mr. Tang, a Christian, and spent a pleasant evening there.

Sun., Dec. 29. Fine.

It was rather warm this afternoon. The streets were alive with passeng rs because of the year-end bargain.

At night, wrote New Year's cards for both father and myself.

Tues., Dec. 31. Fine.

This is New Year's Eve, the last day of the year, and everybody seems busy. It is funny to have received a Nsw Year's card on this day. We shall have three days for the New Year holsday.

十二月廿五日，星期三。晴。

一位現在香港的朋友王君寄了一本美麗的書給我，當作聖誕節禮物。

傍晚，和一位基督徒唐君到隣近的教堂裏面去，這一晚過得很愉快。

十二月廿九日，星期日。晴。

今天下午倒還暖和。街道上的行人很多，因爲年底貨物減價的關係。

晚上替父親和自己寫了些賀年片。

十二月卅一日，星期二。晴。

今天是大年夜，今年的最後一天，每一個人都似乎很忙。今天便收到了一張賀年卡片，眞有趣。我們新年裏有三天的假期。（譚湘鳳作）

月　　日

星期

語言的天才，常有在於鄉下的漂泊者身上。

——托爾斯泰

月　日
星期

我們要想活的出路，必得先有死的決心。

——杜重遠

月　　日

星期

我們的力量很薄弱，但我們的意志很堅強。

——郭載若

月 日

星期

我們要沉着，要苦幹；打勝仗，我們這樣幹下去，就是偶有失利，我們也還是要咬緊牙根繼續幹下去。——韜奮

月　　日

星期

最後的勝利是決定於我們能否堅持下去，能否反攻，能否源源不斷的有後援。　——韜奮

月　　日
星期

過於稱讚渺小的事物，便失去了對於大者的注意。

——伊璧鳩魯

月　　日
星期

我不重視我自已，亦不輕視我自已。

——穆勒

月　日

星期

国際對於我們的態度，主要的靠我們的決心去轉移。

——章乃器

月　　日
星期

災難有絕對的價值，不幸即力量之泉源。

——羅曼羅蘭

月　日

星期

要我們自己有力量，纔能動員國際上的援助力量，要是我們有決心，纔能堅定國際上的援助決心。——章乃器

月　日
星期

中國是一個很大的民族，只要還有寸土未在侵略者的軍力之下，就還不能說是征服。——毛澤東

月　日

星期

與其一個一個的死，一家一家的死，或者一鎮一鎮的死，何如組織起來，大家站在一條戰線上，向封建勢力而搏鬬，向帝國主義而廝殺。——杜重遠

月　日
星期

無求生以害仁，有殺身以成仁。

——孔子

月　日
星期

仁者必有勇。

——孔子

月　　日

星期

好學近乎智，力行近乎仁，知恥近乎勇。

——孔子

月　日
星期

天之將降大任於是人也，必先苦其心志，勞其筋骨，餓其體膚，空乏其身，行拂亂其所爲。所以動心忍性，增益其所不能。——孟子

月　　日

星期

要獲得一個朋友的唯一方法，便是自已先做人們的朋友。

——愛默生

十二月廿日 星期三

下午，在新会大图书馆读 Plato 的"Republic"的译本。

第一章"财产、公道、节制"。

有人说"公道是善待友人，恶待敌人。"

Socrates 问，"人看人有没有错误呢？会不会把友人看做敌人，敌人看做友人呢？如果看错了，岂不是善待敌人，恶待友人吗？"

有人说"公道是强者的利益"的回答。

Socrates 问，"强者有没有错误呢？会不会把害处看做利益呢？如果会，岂不是强者的害处也是公道吗？"

"人的眼耳有病要医生医治，医生的医术不能治自病要科学家补救，这样人的关系是一定的。所以强者有害处不要弱者补救吗？这样，强者的真利益也就是弱者的利益了。"

（补充说）"音乐家能使人不懂音乐吗？善骑马的人能使人不懂骑术吗？公道的人怎能使人成为不公道呢？"

月夜一人散步城外过了

我忍耐地回想或思考任何懸而不決的問題，甚至連費數年亦所不惜。——達爾文

月　　日

星期

如果我的周圍沒有羣衆，我這個人就好像是不能進行勞動的人一樣。——狄更斯

月　　日

星期

欲動天下者，必先自動。

——蘇格拉底

月　　日
星期

維持公允的和平，持久的經濟福利與秩序，此乃各國主要利益所在。——赫爾

月　日

星期

人類絕大多數，對於無政府狀態與破壞各國間文化經濟關係之所爲，決不能再加以容忍。　——赫爾

月　日
星期

任何一國，苟欲完全獨立，不論在精神上技術上皆屬不可能事，爲今之計，吾人必須將國際道德暨諾言與簽字之尊嚴，予以恢復。——羅斯福

月　日

星期

保持和平之各項原則必須予以尊重，各國相互信賴之精神，亦須予以恢復，人類文明始可賴以維持。——羅斯福

月　日
星期

我們除了貢獻我們的身體到戰場上去奮鬪，還應該貢獻我們的金錢財產給國家，以充作一切必要的戰費。——馮玉祥

月　日

星期

日本進行其各個擊破之陰謀，吾人必須以全面抗戰答復之。

——孫科

月　　日
星期

欲動天下者，必先自動。

——蘇格拉底

月　　日

星期

机會多失於躊躇。

——撒伊拉士

月　日
星期

現在之勞，未來之樂。

——拿破崙

月　日

星期

苟無熱誠，無大事可成。

——愛莫孫

月　　日

星期

好的名聲，比了鍍金還要值錢。

——法諺

十二月份新的生活之檢討

這是自我批判之忠實記錄

生活與工作		
	生活的經驗	
	身體與健康	
	發現與感想	
	讀書的心得	
	工作的經驗	
	問題研究	

十二月份時事摘要

本月份國內時事摘要	
本月份國外時事摘要	
時事的感想與意見	

本年的回顾

凡是不收穫的人，也是不播種的人。

——高爾基

無論作什麼事，都用全部的精力和集中的注意力。

——達爾文

打鐵要乘熱。

——法諺

附錄要目

朋友通訊錄

姓　　名	字	住址及通訊處	電話號數

朋友通訊錄

姓　名	字	住址及通訊處	電話號數

重要函件登錄表

日　期	收或發	姓　名	地　址	事　由
九月一日	收 發	樹林	廣西宜山浙大	
九月二日	收	詢兄		
九月二日	收 發	蔣生	江西贛縣大湖江	水利局十八灘水力測驗站
九月二日	收 發	爕昌	江西南康潭口	醫專
九月五日	收 發	父親		
九月十一日	收 發	歆霞	江西雩都峡山	科學館
九月十二日	收 發	澈兄		收三信
九月廿九日	收 發	達甫	成都金大	
月　日				
月　日				
月　日				
月　日				
月　日				
月　日				
月　日				
月　日				
月　日				
月　日				
月　日				
月　日				

重要函件登錄表

日　　期	收或發	姓　　名	地　　址	事　　由
月　　日				
月　　日				
月　　日				
月　　日				
月　　日				
月　　日				
月　　日				
月　　日				
月　　日				
月　　日				
月　　日				
月　　日				
月　　日				
月　　日				
月　　日				
月　　日				
月　　日				
月　　日				
月　　日				
月　　日				

購置新書錄

書　名	著作人	出版處	冊數	價目	購置月日	備　註
哈姆雷特	Shakespeare	开明	一	.30	八卅	
人与超人	Bernald Shaw	开明	一	.40	五[illegible]九	
文艺心理学	朱光潜	开明	一	1.40	七八	
大众哲学	艾思奇	读书生活	一	1.00	十五	
马丹波娃利	Flaubert	中华	一	.50	十,十二	
English Poetry		光华	一	9.50	十,二五	
Holy Bible			一	1.10	十一,十一	
苏联作家七人集	[illegible]	生活	一	2.50	二,二〇	

購置新書錄

書名	著作人	出版處	冊數	價目	購置月日	備註

收支一覽表

月	日	摘要	收入	支出	結存
十	三	订今日评论半年		1.00	
十	四	付白药		2.00	
十	八	付[illegible]		1.65	
十	八	付膳费[illegible]		1.80	
十	十一	付 College Readings in English Prose		6.12	
十	十三	出让 World History	3.60		
十	十八	出让 College Readings in English Prose 半本	6.00		
十	十九	付牙刷		1.00	
十一	廿二	[illegible] Anna Karenina		1.30	
十二	廿	付评论一年		1.40	

收支一覽表

月	日	摘要	收入	支出	結存

升學自習參考書

初中各科複習升學指導……………………(1.30)
初中會考題解總覽……………………(1.40)
初中投考問題精解……………………(1.20)
高中投考問題精解……………………(1.40)
大學試題彙解……………………(1.50)
高中升學會考題解集成……………………(2.60)
中學會考入學試題總輯……………………(2.80)
中學會考試題彙編……………………(1.40)
中學考試指南……………………(1.20)
各科投考指南……………………(1.00)
小朋友升學指導……………………(0.40)
投考模範作文……………………(0.50)

初中複習指導叢書(全十一册三元六角)

初中算學複習指導……0.50
初中物理複習指導…… 0.20
初中化學複習指導……0.20
初中本國史複習指導…0.30
初中外國史複習指導…0.25
初中本國地理複習指導0.25
初中外國地理複習指導0.25
初中英文複習指導……0.40
初中公民複習指導……0.35
初中國文複習指導……0.35
初中生物複習指導……0.50

高小複習指導叢書(全四册一元四角)

高小國語複習指導……0.30
高小社會複習指導……0.30
高小算術複習指導……0.50
高小自然複習指導……0.30

新生日記

每册實價壹元
外埠酌加寄費

編輯者　新生書局編譯所

發行者　新生書局
香港大道中七十七號

製版者　大豐製版所
武定路五三七弄六號
電話　三六〇一二

總經售　美商中美出版公司
上海愛多亞路十九號

中華民國二十七年十二月再版

图书在版编目（CIP）数据

新生日记 / 中译出版社有限公司编.
—北京：中译出版社，2021.1（2021.2重印）
ISBN 978-7-5001-6432-6

I. ①新… II. ①中… III. ①本册 IV. ①TS951.5

中国版本图书馆CIP数据核字（2020）第236142号

出版发行：中译出版社
地　　址：北京市西城区车公庄大街甲4号物华大厦6层
电　　话：（010）68357937；68359813（发行部）；68359725（编辑部）
传　　真：（010）68358718
邮　　编：100044
电子邮箱：book@ctph.com.cn
网　　址：http://www.ctph.com.cn

出 版 人：乔卫兵
总 策 划：贾兵伟
责任编辑：范祥镇
装帧设计：黄　浩　潘　峰

排　　版：北京中文天地文化艺术有限公司
印　　刷：山东临沂新华印刷物流集团有限责任公司

规　　格：889mm×1194mm　1/32
印　　张：13.75
字　　数：22千字
版　　次：2021年1月第一版
印　　次：2021年2月第二次

ISBN 978-7-5001-6432-6　　　**定价**：86.00元